Erna Härtl

Decoupage

frechverlag

Ich möchte mich bei allen Firmen bedanken, die mich bei der Entstehung dieses Buches hilfreich unterstützt haben.

Bezugsquellen:

SUSY CARD, Bargteheide
Geschenkpapier und Postkarten
(Seiten 15, 18, 19)

© DUMONT Buchverlag, Köln
1994: „Einfach Himmlisch“, Engel und Engelchen in über 130 selbstklebenden Motiven
(Seite 13)

RAAB KARCHER creative hobbies, Lichtenfels
Rosenbilder und Paper-Art
(Seiten 1, 13, 21, 22, 32)

Atelier ERWIN OTTE, Reuth bei Erbendorf
Kunstdrucke
(Seiten 27, 29, 31)

PLAST Willy Köster, Grünwald
Glanzbilder
(Seiten 13, 14, 17, 22, 23)

Zeichnungen: Johannes Grünbauer

Fotos: frechverlag GmbH & Co. Druck KG, 70499 Stuttgart;
Fotostudio Ullrich & Co., Renningen

Auflage: 5. 4. 3. 2. 1. | Letzte Zahlen
Jahr: 2000 99 98 97 96 | maßgebend

ISBN 3-7724-2063-X · Best.-Nr. 2063
Druck: frechverlag GmbH + Co. Druck KG, 70499 Stuttgart

„Decoupage“

stammt von dem französischen Begriff „découper“ ab und bedeutet „kunstvolles Ausschneiden“, „Zerschneiden“.
Aus Papier werden Bilder und Verzierungen ausgeschnitten, anschließend kunstvoll auf einem Gegenstand arrangiert und verklebt.
Zum Schutz der Bilder wird die Oberfläche mehrfach lackiert, abgeschliffen und schlußlackiert.
Decoupage ist eine Kunstform, die im beginnenden 18. Jahrhundert in England ihre erste große Blüte erreichte. Chinesische Lackarbeiten, die groß in Mode waren, wurden mittels dieser Technik kunstvoll nachgeahmt, so daß sich auch der einfache Bürger schöne Möbel leisten konnte.
Mit den ersten bunt gedruckten Albumbildchen, den sogenannten Oblaten, entstand zur Zeit Queen Victorias eine weitere Modewelle, die sich vor allem nach Amerika ausbreitete.
Gerade in England und Amerika hat sich die Decoupage bis in unser Jahrhundert erhalten. Einfache Leute pflegten diese Kunst, um preiswerte Heimdekorationen herzustellen.
Erst in jüngster Zeit wurde dieses einfache, kreative Hobby auch bei uns wieder neu entdeckt.

Mein Buch soll Ihnen den Start in dieser Technik erleichtern. Lassen Sie Ihrer Phantasie freien Lauf. Sie werden sehen, es macht Freude, schöne Dinge selbst zu dekorieren.

Ich wünsche Ihnen dabei viel Erfolg.

Ihre Erna Härtl

Die Materialien

Viele Gegenstände lassen sich durch Decoupage verschönern. Styropor, Kunststoff, Holz, Keramik, Glas, Metall und Objekte aus Papiermaché eignen sich besonders gut als Trägermaterial. Es müssen nicht immer neue Dinge sein. Stöbern Sie doch mal auf Ihrem Dachboden. Vielleicht entdecken Sie ein altes Holztablett, eine formschöne Vase oder einen Kleiderbügel.
Alle Dinge, die Sie bekleben wollen, müssen auf jeden Fall eine glatte und saubere Oberfläche haben.
Motive zum Ausschneiden und Aufkleben finden Sie überall. Im Handel gibt es wunderschön bedrucktes Geschenkpapier, Nachdrucke von alten Albumbildchen, Tapeten, Zeitschriften, Fotos, Fotokopien usw...
Bei der Auswahl der Motive können Sie sich Ihre Stilrichtung aussuchen. Decoupage ist nicht nur geeignet für romantische, nostalgische und folkloristische Leute – auch Fans von Rock, Pop und moderner Kunst werden ihre Motive finden.
Nur wenige Werkzeuge, wie eine ***spitze Schere*** und ein paar ***Pinsel***, sind für die Verarbeitung erforderlich.
Als Basis für die Farbgestaltung bieten sich ***Acrylfarben*** an. Sie sind in vielen Farbtönen im Hobbyfachhandel erhältlich. Acrylfarben sind wasservermalbar und daher auch hervorragend für Kunststoffe und Styropor geeignet.

Goldspray läßt sich sowohl zur Untergrundgestaltung als auch zur Abschlußgestaltung einsetzen. Akzente setzen oder Beschriftungen anbringen – alles ist kinderleicht mit einem ***goldfarbenen Filzstift*** auszuführen.
Zur Versiegelung der beklebten Oberflächen kann ***glänzender*** oder ***matter Lack*** verwendet werden. Holzsiegellack ist auf Wasserbasis aufgebaut und für den Anfänger am einfachsten zu handhaben.
Einen besonders interessanten und neuen Effekt erzielt man mit sogenanntem ***Zaponlack*** auf bereits lackiertem Styropor.
Mit ***Aquarellfarben*** werden aus schwarz-weißen Fotokopien kleine Kunstwerke gestaltet. Auch hierzu ist kein großes Maltalent erforderlich – einfach ausmalen wie im Bilderbuch.
Holzleim ist ideal zum Aufkleben unserer ausgeschnittenen Motive.
Je nach der Stärke des Papiers kann er mit Wasser verdünnt werden.
Um eine glatte Oberfläche unserer Objekte zu erzielen, benötigen wir noch ***Naßschleifpapier*** (1000er Körnung) und ***Sandpapier*** zum Glätten der Holzflächen bzw. zur Gestaltung in der Antiktechnik.

UHU
coll
Holzsiegel

Gestaltung des Untergrundes

Es gibt verschiedene Möglichkeiten, den Charakter eines interessanten Motivs zu unterstützen. Einige dieser Maleffekte möchte ich Ihnen auf den nächsten Seiten vorstellen.

Die Grundierung

Die Oberfläche des zu gestaltenden Objekts muß sauber und glatt sein, um sie mit Acrylfarbe (wasservermalbare Hobbyfarbe) bemalen zu können. Beachten Sie, daß der von Ihnen gewählte Farbton gut mit dem aufzuklebenden Motiv harmoniert!
Eine gute Grundierung bildet die Basis für alle folgenden Maltechniken.

Antiklook

Bestimmte Motive verlangen geradezu ein „antikes“ Aussehen des Untergrunds.
Mit Sandpapier werden Kanten und Oberfläche leicht angeschliffen.
Selbst nach dem Lackieren sehen die bearbeiteten Gegenstände noch so aus, als wären sie schon Jahre in Gebrauch.

Gestaltung des Untergrundes

Krakelierung

Arbeitsschritt 1

Die Grundierung kann bei dieser Maltechnik mit Acrylfarbe erfolgen oder, wie hier gezeigt, mit Goldspray. Diese Farbschicht ist später in den entstandenen feinen Rissen sichtbar. Verwenden Sie für Styroporteile eine Goldfarbe auf Wasserbasis, da Goldspray die Oberfläche des Styropors angreift.

Arbeitsschritt 2

Auf die getrocknete Grundierung wird der Krakelierlack gestrichen.

Arbeitsschritt 3

Jetzt wird auf den gut getrockneten Krakelierlack die eigentliche Acrylfarbschicht aufgetragen.
Verstreichen Sie die Farbe nur in einer Richtung, und vermeiden Sie dabei Übermalungen und Korrekturen.
Der Effekt zeigt sich während des Trockenvorgangs. Feine Risse bilden sich auf der Oberfläche und lassen die Grundierung durchschimmern.
Erst nach dem völligen Abtrocknen zeigt sich die ganze Schönheit dieser Technik.

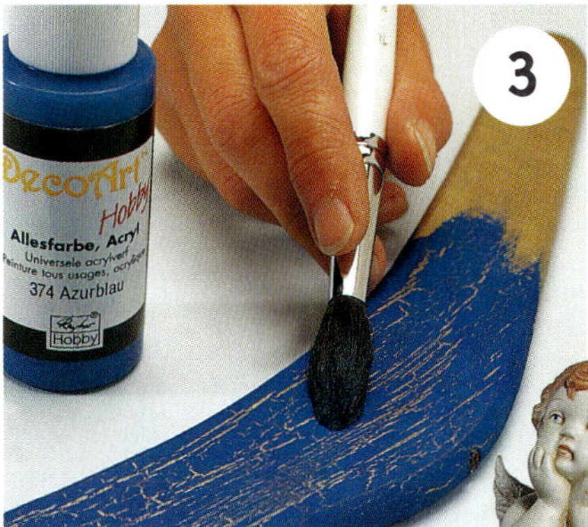

Gestaltung des Untergrundes

Sponging

Bei dieser Technik wird ein zweiter Acrylfarbton mit einem Schwamm aufgetupft.

Bagging

Lasieren Sie die gesamte Oberfläche mit einem zweiten wasserverdünnten Acrylton, und tupfen Sie in die noch feuchte Farbe eine zerknüllte Plastiktüte.

Dragging

Auch bei dieser Technik wird die gesamte Oberfläche mit verdünnter Acrylfarbe lasiert.
Sofort nach dem Anstrich zieht man durch die noch feuchte Farbe einen groben Pinsel.
Es entsteht eine interessante Maserung.

Gestaltung des Untergrundes

Patinieren

Arbeitsschritt 1

Vermischen Sie die Patina mit Fixativ. Diese Mischung wird nun mit einem weichen Pinsel auf die Grundierung aufgetragen. Ein zu dunkler Farbauftrag ist zu vermeiden!

Arbeitsschritt 2

Entfernen Sie nun die überschüssige Patina mit einem weichen, saugfähigen Lappen. Nach dieser Behandlung erhalten die Teile ein perfekt antikes Aussehen.

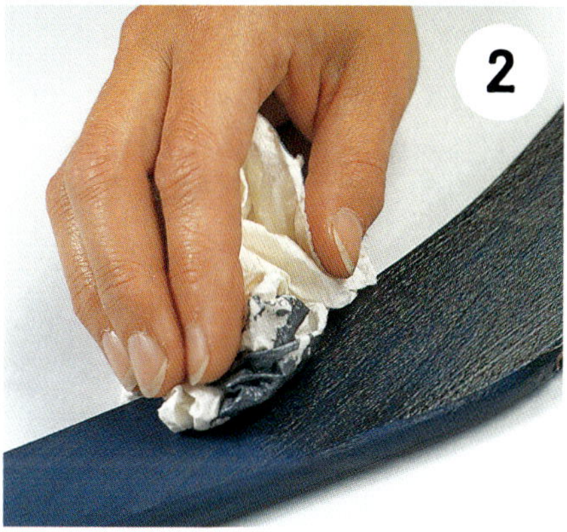

Viele dieser hier vorgestellten Techniken lassen sich auch wunderbar miteinander kombinieren.
Ein besonders antikes Aussehen wird durch die Kombination der Patiniertechnik mit dem Antiklook erzielt.

Ausschneiden der Motive

Mit einer spitzen, kleinen Fingernagelschere können Sie die Motive am einfachsten aus dem Papier ausschneiden. Arbeiten Sie sehr sorgfältig.
Vermeiden Sie, das Papier zu reißen, denn an diesen Stellen entstehen unschöne weiße Ränder.

Einschneiden der Motive

Wollen Sie eine gewölbte Fläche bekleben, rate ich, ein nicht zu großes Motiv zu wählen.
Um eine Faltenbildung beim Aufkleben zu vermeiden, schneiden Sie Ihr Bild an unauffälligen Stellen – z. B. Umrißlinien oder Kleiderfalten – ein.

Einschneiden von Verzierungen

Wird ein Rand, z. B. von einer Spandose, verziert, müssen Sie eine meist gerade gedruckte Borte biegsam machen.
Schneiden Sie dafür die Borte in regelmäßigen Abständen auf beiden Randseiten ein.

Versiegeln der Oberfläche

Ihre aufgeklebten Motive schützen Sie durch mehrfaches Lackieren der Oberfläche.
Die Dicke der aufzutragenden Lackschicht hängt von der Stärke des verwendeten Papiers ab. Für Gebrauchsgegenstände, z. B. Tabletts, ist häufig ein dickerer Lackauftrag erforderlich.
Das Endergebnis muß immer eine glatte Fläche sein.
Bewährt hat sich eine gut durchgerührte Mischung aus einem Drittel Holzleim und zwei Dritteln Holzsiegellack. Dieser milchige Lack kann ohne Zwischenschleifen in mehreren Schichten aufgetragen werden. Die einzelnen Schichten müssen vor dem erneuten Auftrag ganz trocken sein.
Sie erkennen es daran, daß die Oberfläche durchsichtig geworden ist.
Ist die gewünschte Lackstärke erreicht, wird die Oberfläche mit Naßschleifpapier und etwas Wasser glattgeschliffen.
Entfernen Sie vor der Weiterverarbeitung den Schleifstaub.
Damit Ihre Dekoration einen schönen Glanz erhält, lackieren Sie die gesamte Fläche noch zweimal mit Holzsiegellack pur.

Nostalgische Spandose

Spandosen sind in jedem Haushalt vielseitig zu verwenden, ob als Sammelbox für Kleinigkeiten, als Nähkästchen oder als Geschenkschachtel.

Material:

- *Spandose*
- *Albumbildchen*
- *Gedruckte Borte*
- *Stoffborten*
- *Schleifenband*
- *Acrylfarben*
- *Holzleim*
- *Holzsiegellack*
- *Filzstift, goldfarben*
- *Sandpapier*
- *Naßschleifpapier*

Die Oberfläche der Spandose wird mit feinem Sandpapier leicht angeschliffen und mit Acrylfarbe grundiert.
Schneiden Sie die Albumbildchen und die gedruckte Borte sorgfältig aus.
Die Borte muß vor dem Verkleben noch eingeschnitten werden.
Arrangieren Sie die Motive auf der Spandose.
Mit Holzleim werden die Bilder gleichmäßig eingestrichen, aufgeklebt und mit dem Finger gut festgedrückt.
Achten Sie darauf, daß sich keine Luftblasen und Falten bilden!
Anschließend können Sie die Dose mehrfach lackieren, schleifen und endlackieren.
Der Rand wird zusätzlich mit einer Stoffborte verziert.
Die gedruckte Borte wird entlang am inneren Rand mit einem goldfarbenen Strich verziert. Eine aufgeklebte Schleife unterstützt den nostalgischen Charakter.

In dieser Technik werden auch das Herzchen und die Modelle auf Seite 14 und 15 gearbeitet.

Arbeiten auf Styropor

Styropor, ein preiswertes Bastelmaterial, ist in vielen Formen im Fachhandel erhältlich.
Bei der Verarbeitung sollten Sie darauf achten, daß nicht alle Farben, Lacke und Kleber styroporverträglich sind.
Verwenden Sie nur Produkte auf Wasserbasis.

Muttertagsherzchen

Material:

- *2 Styroporherzen*
- *Albumbildchen*
- *Acrylfarbe*
- *Holzleim*
- *Holzsiegellack*
- *Schleifpapier*

Für die Dekoration:

- *Schleifenband*
- *Borten*
- *Röschen*
- *Zierstab*
- *Asparagus*
- *Klebepistole*
- *Draht*

Die Styroporherzen mit Acrylfarbe grundieren und mit den ausgeschnittenen Albumbildchen bekleben.
Danach wird die Oberfläche versiegelt.
Umkleben Sie die Kanten der Herzen mit einer schönen Borte.
Befestigen Sie an der Einkerbung der Herzen die Aufhängung.
Der Zierstab wird in der Mitte zerteilt.
Mit Draht werden die verkreuzten Teile zusammengefügt.
Befestigen Sie daran mit einer kleinen Schlaufe die Aufhängung, und kleben Sie darauf eine dekorativ gebundene Schleife.
Zum Abschluß kleben Sie die Röschen und etwas Asparagus zwischen das Arrangement.

Für die Kinder

(Abb. Seite 17/18)

Über Tom und Jerry oder Mickey Mouse auf Dosen, Tablett, Kugeln oder Kegeln werden sich vor allem die Kinder freuen.

Mutter-
tag

HAPPY
BIRTHDAY
9
HAPPY BIRTHDAY

Disney
FAMILY

Gestaltung des Untergrundes

Durch Zufall bin ich auf eine Methode gestoßen, mit der man bei Styroporträgern rund um das aufgeklebte Motiv den Hintergrund absenken kann. Dabei ist das Ergebnis etwas vom Zufall abhängig.
Ein Styroporherz wird grundiert, beklebt und fertig versiegelt.
Mit Zaponlack wird anschließend nur das Motiv besprüht.
Dabei läuft der Lack über den Bildrand hinaus und greift die Oberfläche des Styropors an.
Der Motivteil bleibt erhaben.
Mit etwas Übung können Sie dieses Absenken des Hintergrunds gut steuern.
Nach dem Trocknen wird die abgesenkte Fläche mit einem goldfarbenen Filzstift ausgemalt.

Weihnachtskugel

Material:

- *Styroporkugel oder -kegel*
- *Albumbildchen*
- *Acrylfarbe*
- *Filzstift, goldfarben*
- *Holzleim*
- *Holzsiegellack*
- *Zaponlack*
- *Aufhänger*
- *Schleifenband*

Die Styroporkugel wird nach der auf Seite 20 beschriebenen Methode hergestellt.
An der Kugel werden ein Aufhänger und eine goldene Schleife befestigt.

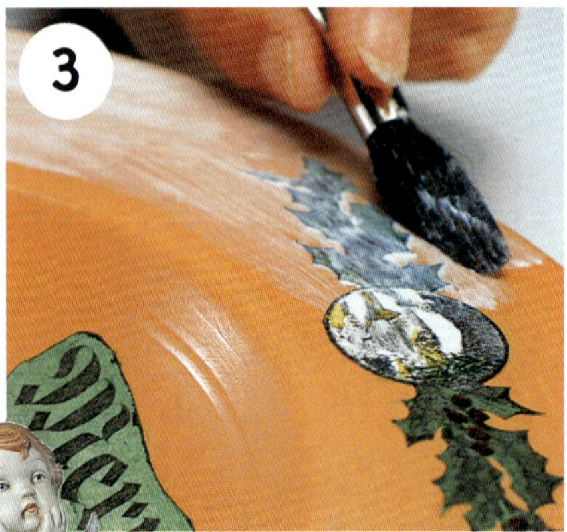

Weihnachtstablett

Die Reihenfolge des Festtagsmenüs wurde hier auf dem Tablett festgehalten.

Material:

- *Holztablett*
- *Fotokopien*
- *Aquarellfarben*
- *Acrylfarben*
- *Patina*
- *Filzstift, goldfarben*
- *Holzleim*
- *Holzsiegellack*
- *Sprühlack*
- *Sandpapier*

Das Holztablett leicht anschleifen, mit Acrylfarbe grundieren und nach dem Trocknen patinieren. Dann mit Sandpapier die Kanten und Schnörkel leicht anschleifen (Antiklook).
Auf das so vorbereitete Tablett mit Holzleim die zuvor ausgeschnittenen Kopien kleben. Jetzt kann das Tablett versiegelt werden.
Nach dem Trocknen die geschnitzten Linien mit einem goldfarbenen Filzstift nachziehen.

Arbeitsfotos:

1. Eine Fotokopie mit Aquarellfarben zart kolorieren und trocknen lassen.

2. Mit kräftigen Farben Akzente setzen.

3. Die Oberfläche mit Lack versiegeln.

MERRY CHRISTMAS
A Merry Christmas
..DINNER..
Cranberry Sauce
Mashed Potatoes French Green Peas
White Plume Celery
English Plum Pudding, Brandy Dip
Mince Pie Assorted Cakes
Coffee Ice Cream
Cheese

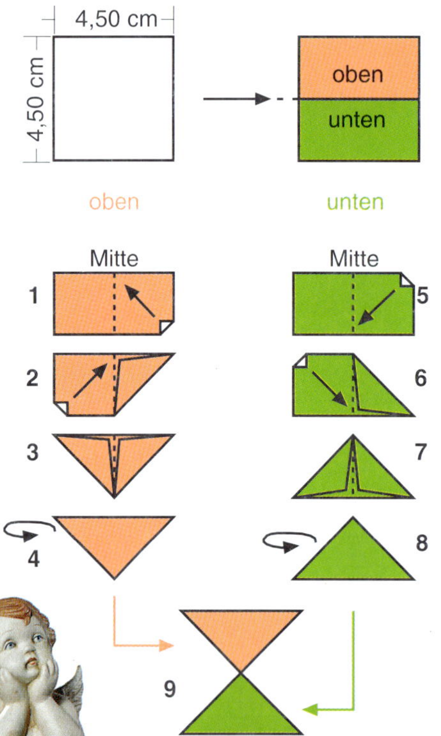

Dreidimensionale Decoupage

Eine besondere Art, dreidimensionale Decoupagebilder herzustellen, ist das Zerschneiden und Verkleben von Kunstdrucken und Postkarten.

Sie benötigen für ein Bild zwei Kunstdrucke mit dem gleichen Motiv.

Mit Lineal und Bleistift unterteilen Sie die Drucke in gleich große Quadrate, die Sie mit einer Schere ausschneiden.

Legen Sie die zerschnittenen Drucke mit der Bildseite vor sich.

Jedes Quadrat des ersten Drucks wird nochmals zerschnitten und mit Papierleim zu einem Dreieck zusammengeklebt.

Achten Sie darauf, daß die Mitte der Quadrate nicht geknickt und immer die gleiche Arbeitsrichtung beibehalten wird.

Die so vorbereiteten Teile werden dem Bild entsprechend auf die Quadrate des zweiten Drucks geklebt.

Der romantische Ausdruck mancher Motive läßt sich durch das Bestreichen der Quadratkanten mit gold- oder silberfarbiger Acrylfarbe verstärken.

Die fertigen Quadrate werden mit Lack besprüht und auf ein farbig passendes Papier in gleichmäßigem Abstand (ca. 3 mm) zueinander geklebt.

Ein schöner Rahmen mit Passepartout ergänzt Ihre Komposition.

„Idylle in Reuth"

von Erwin Otte

Dreidimensionaler Kunstdruck

Viele Kunstdrucke lassen sich „zerlegen" und ausdrucksstark wieder zusammensetzen.

Bei größeren Arbeiten sollten Sie immer zuerst die Mittellinien einzeichnen und dann die restliche Fläche in gleichmäßige Quadrate einteilen.

Die Anordnung der aufzuklebenden Teile kann vielfach variiert werden.

Für das nebenstehende Bild „Zum Nachdenken" von Erwin Otte habe ich Ihnen die vier Arbeitsrichtungen im nebenstehenden Schema aufgezeichnet.

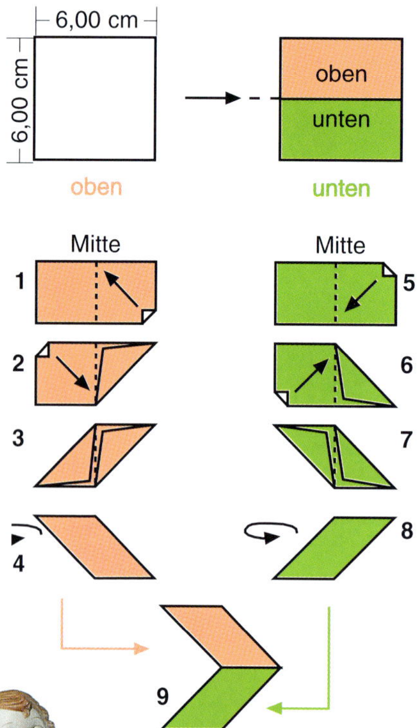

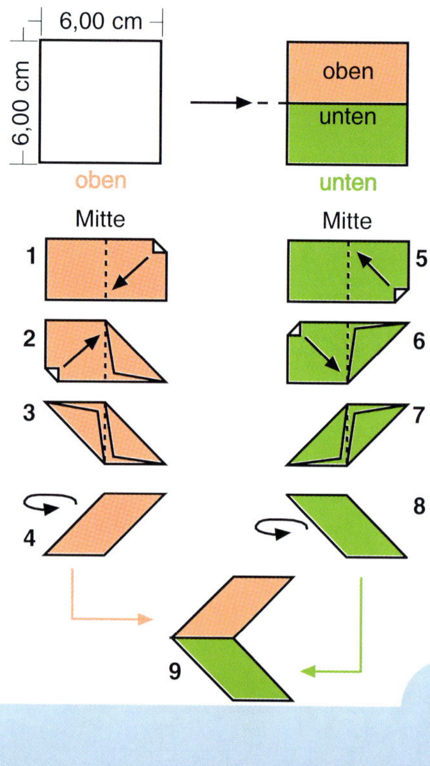

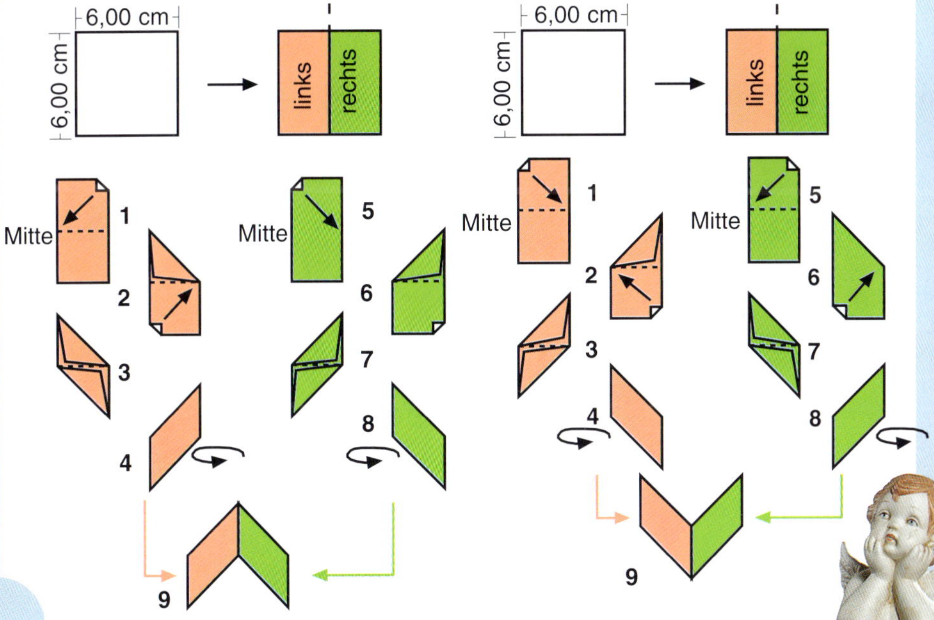

6,00 cm
6,00 cm
links
rechts
Mitte
1
2
3
4
Mitte
5
6
7
8
9
6,00 cm
6,00 cm
links
rechts
Mitte
1
2
3
4
Mitte
5
6
7
8
9

Paper Art

Der dreidimensionale Eindruck von Bildern kann durch Paper Art noch verstärkt werden. Bis zu sieben identische Farbbogen werden geschnitten, geformt, geklebt und somit zu einem dreidimensionalen Bild aufgebaut.

Der Fachhandel bietet diese Bilder als fertige Bastelpackung an.

Sie können aber auch jeden Kunstdruck zu einem Paper Art-Bild gestalten.

Die Grundidee ist, den räumlichen Effekt mit Papierschichten nachzuahmen.

Alle Gegenstände, die weit im Vordergrund stehen, müssen in mehreren Schichten übereinandergeklebt werden.

Dazu werden aus Karton 0,5 cm breite Streifen als Abstandhalter geschnitten und zwischen die einzelnen Schichten geklebt.

Die oberste Schicht wird fast immer vor dem Aufkleben mit einem Modellierstäbchen aufgewölbt.

Bevor Sie mit der Arbeit beginnen, müssen Sie sich die hervorspringenden Merkmale Ihres Bildes mit einem weichen Bleistift markieren.

Alle gekennzeichneten Teile müssen sorgfältig mit der Schere oder einem Paper Art-Messer ausgeschnitten werden.

Vermeiden Sie es, das Papier zu reißen, nachschneiden ist besser.

Achten Sie darauf, keine Teile des gleichen Farbbogens zu beschädigen.

Zunächst wird ein kompletter Farbbogen als Hintergrund auf die Bilderrückwand geklebt.

Darauf baut man Ebene für Ebene ein plastisches Bild auf.

Mit Lack wird die Oberfläche des fertigen Bildes versiegelt.

Dieses kleine Kunstwerk kommt hinter Glas und wird mit einem speziellen Holzrahmen, mit farblich passendem Passepartout, eingerahmt.

Auf Seite 31 und Seite 32 finden Sie Beispiele für diese Technik.

„Die kleine Nachtmusik“

von Erwin Otte

Clown